tonic

創意 素食月子餐

快速調理體質，滋補營養好健康

邱寶鈅、吳琇卿◎著

序 ①

　　身為女人，一生中有三次很重要的時機，一為月經來潮，一為懷孕生子，另一為月經停止。這三次在生理、心裡上均有很大的改變，有些人適應的好，輕輕鬆鬆地度過；有些人無法一下子適應，隨即出現許多臨床症狀。有鑑於此，每一個女人都應該好好把握調理機會，幫助自己的身體健康、愉悅地度過三次轉變。

　　坐月子對一個女人來說是一個非常重要的時機，常聽說某人因月子做得不好，以致有頭痛、腰痛等毛病出現，我們不但要避免這些疏忽，更要趁著坐月子的時機，除了將生產前的一些毛病袪除，也將身體的一些偏差校正回來。例如：生產前腸胃屬於虛寒型，常常拉肚子的產婦，則應利用這個時機吃一些較溫補腸胃的藥來調整；又如生產前常有鼻過敏現象的產婦，也可利用此次機會吃一些增加免疫系統的藥來增進抵抗力。

　　月子藥膳最有名的為麻油雞，而素食月子藥膳的烹飪大家較不熟悉，想趁著坐月子將身體調補一下，常會不知如何著手；另外，生機飲食已很普遍，產婦在吃膩魚肉之外，也可嘗試蔬果類的藥膳，也不用擔心坐完月子後膽固醇增加太多，所以，本書並非只給素食者參考，每位產婦都可嚐嚐看；藥膳的好處就是在快樂的、味道鮮美的進食中漸漸調整你的身體，這也是我所期望的，希望各位產婦不要錯失此次調理身體的良機，好好把握吧！

在某個機緣下，得以認識素食界烹飪高手 —— 邱寶鈅老師，她希望出一本素食的月子藥膳，我們兩人的想法不謀而合。藥膳要做得好吃並不容易，我在處方時，藥物多加一點，藥味就很重，要一般人接受有它的困難點，邱老師卻說：「沒有關係，你照你的想法開出處方，藥味重的問題就由我來處理。」由此，各位可看到她神奇的烹飪技術吧！想不想嚐嚐看呢？

中國醫藥大學中醫博士／副教授

聖惠中醫診所　院長

吳琇卿

2012 年 9 月謹誌於台中

序 2

　　能為素食朋友撰寫這本創意素食坐月子餐是我畢生的願望，當我得到出版社支持要出版本著作時興奮一個晚上睡不著，這股興奮持續好久好久，哇塞！真好，真好！可以為年輕素食朋友服務是無上的榮幸。

　　既然是專為坐月子寫的食譜，必須針對產婦生產後身體健康復原設計一套美味可口又達到身體健康修復，且做完月子後又可以恢復懷孕前身材的藥膳。談到藥膳就會聯想到中藥湯烏漆嘛黑有一股不是很好聞讓人難受的甘苦味，光是用想的就很噁心，一想到坐月子整整一個月都要吃它，真是受不了，這是所有的婆婆媽媽都曾經歷過對中藥又愛又怕的日子，明明知道中藥對身體有益，可是它的味道真的讓人受不了，我也是過來人，知道坐月子時的心境，所以，在這本食譜的每一道菜都是經心設計，透過烹調特殊處理把大家不喜歡的中藥味去除了，留下中藥特有的功效，烹調每一道料理變的好吃又好看，色、香、味俱全，讓大家能夠享受藥膳美食，吃出健康、營養、達到養生功效。而且每一道菜製作時自己都先嘗試過覺得滿意，還請大朋友、小朋友試吃，看他們反應如何，結果小朋友不知道菜餚裡有入中藥一直吵著好吃還再吃，我們都知道小朋友嘴巴最厲害，不好吃一定不吃，好吃就一定吃光光，連小朋友都愛吃，所以坐月子的媽媽就可以放心的使用，好好的利用做月子的時候把自己身體養好，準備做一個年輕又漂亮的好媽媽。加油！

　　家中添加了一位新成員是多麼快樂喜悅、幸福美滿、和樂融融的大事，要照顧產婦的飲食又要照顧小寶貝，頓時會讓全家高興的忙翻天，尤其是做阿嬤（奶奶或外婆）既歡喜又辛苦，要張羅媳婦或女兒一天五餐的飲食，又要照顧小寶貝吃喝拉撒生活起居，真是忙的天旋地轉，昏頭轉向，辛苦萬分。我在坐月子時曾

經享受母親萬般照顧與呵護，回想起來感到萬分不捨，這也是我想寫做月子食譜最大的動機；家中有人坐月子時最不想成為婆婆與媽媽的負擔，應該轉換成全家因為有人坐月子而讓全家成員藉此機會好好補一下，那麼，婆婆與媽媽就不用刻意專程為產婦準備膳食，而是全家人藉此分享坐月子的特別料理，感恩上天賞賜美好良緣。

　　既然是產婦與全家人都能享用，在整體考量上，吳醫師與我曾多次討論，最後決定從有助於人體機能，安神、氣血、心、肝、肺、脾、胃、腸、腎、皮膚、頭髮、通乳、通便、瘦身、養生最有幫助，最合適的料理。吳醫師體貼產婦產後身體機能的修護是非常的重要的，生產後身體虛弱首先要補氣血，然後利用做月子調養五臟六腑；又考慮產婦哺乳需要通乳方，以及產婦便祕痛苦、掉頭髮困擾、睡眠品質和坐月子後的肥胖問題，故釋出安神、安眠、瘦身藥方，其中通乳方除了產婦之外，其他人不適合使用。

　　吳醫師菩薩慈悲心，懸壺濟世與大愛無私教育的精神，提攜後進，嘉惠眾生救人無數，吳博士現任於台中聖惠中醫診所院長以及中國醫藥大學任教，栽培無數的中醫師，吳醫師在百忙中幫助我一起完成這本創意養生素食坐月子，真是無上的感恩。

　　感謝出版社詹先生、麗玲等工作同仁辛苦以及攝影師王老師，因為有大家同心協力共同付出心力、腦力和體力的幫忙，感謝大家付出、配合、包容才能完成本食譜，謝謝大家，在此獻上無限的祝福與感恩！

 謹識

Contents
目錄

把握時機　調理體質

　　「臟腑辨證」的觀點是中醫的診治的依據，我們把它分成為肝、心、脾、肺、腎五個部份，稱為「五臟」，另有「六腑」為膽、小腸、胃、大腸、膀胱和三焦；以此為依據來區分出毛病出現在哪個臟腑，稱為臟腑辨證。本書對於產婦身體之調理，即由五臟肝、心、脾、肺、腎之觀點切入，趁著坐月子的時機，將身體較偏差的系統調整過來。

　　肝可包含肝膽毛病、情緒的管控，若是平時肝臟有毛病或產後情緒煩躁容易生氣或是容易擔心憂鬱者，可以考慮用些舒肝理氣的藥膳。

　　心可包含循環和腦神經系統，若是平時容易心悸、胸悶，甚至有睡眠障礙者，則依症狀選擇適當的瀉心火或養心或安神藥膳。

　　脾可包含腸胃系統及排便等情況，若是平時腸胃不好，容易腹瀉、腹脹或便祕或口乾、口臭，則宜選用適當的健脾、清胃藥膳。

　　肺可包含呼吸系統和皮膚疾病，若是平時有呼吸系統的疾病，甚至打噴嚏、流鼻水、皮膚疾病等過敏現象，則宜選用溫肺或清肺或潤肺等藥膳。

　　腎可包含泌尿和生殖系統，若是平時小便的問題或白帶或月經不調等問題，宜選用補腎或滋腎的藥膳。

　　另外也附加了一些調理全身氣血、通乳、通便、安眠、明目、固齒、烏髮、清脂等藥膳，依產婦的需要而取用。

　　當然，這些都必須在認清自己身體的狀況下行之，若有點迷惑，在您左右均有優良的醫師協助您，希望用藥適得其所。趁著坐月子把身體偏離正常的狀況校正回來，如此，坐完月子，身體也健康，做事也順心。

如何使用本書

剛生產後的產婦身體非常虛弱，抵抗力也降低，這時候很容易受風寒，所以產婦要特別小心地照顧自己，尤其是頭部不要吹到風淋到雨，否則以後較容易頭痛，俗話說得月內風，所以做月子對女人是非常重要，一定要好好把握機會將身體調理一番，有健康的媽媽孩子才能幸福。

第一週首要補氣血、顧肝、補心、健脾、潤肺、強腎、通乳、舒眠、通便的藥方來調整身體，增強免疫系統的藥增進抵抗力，調節子宮收縮，促進身材恢復能力。若媽媽餵母乳可多攝取通乳藥方，增進乳汁分泌，若媽媽不便餵乳那通乳藥方可不需食用。

第二週仍然食用補氣血、顧肝、補心、健脾、潤肺、強腎、通乳、舒眠、通便的藥方來調整身體，增強免疫系統的藥增進抵抗力，調節子宮收縮，促進身材恢復能力。

第三週食用補氣血、顧肝、補心、健脾、潤肺、強腎、通乳、舒眠、通便明目、固齒、烏髮的藥方來調整身體，增強免疫系統的藥增進抵抗力，調節子宮收縮，促進身材恢復能力。

第四週食用補氣血、顧肝、補心、健脾、潤肺、強腎、通乳、舒眠、通便明目、固齒、烏髮的藥方來調整身體。這期間身體恢復差不多了，免疫系統增進抵抗力，此時將恢復苗條身材的時刻，可以攝食清脂藥方。

坐月子膳食餐參考表

週數	第一週	第二週	第三週	第四週
食 譜	升提補氣鍋 歸耆補血湯 川七煨素筋 解鬱逍遙薄荷凍 川芎通心湯 山藥金鐘頂 金桔荷包蛋 玉竹養顏湯 味增豆腐燒續斷 寄生熬地瓜 土豆當歸滷 書香麵線 湧乳湯 芝麻粥 棗仁好眠湯 （本書之佐餐料理均可食用）	補血益氣凍 粉光參湯 柴胡燴腸旺 生脈養心湯 冬麥燒豆腸 百合潤肺湯 臭豆腐燒杜仲 歸耆木瓜盅 糖醋蔬果烏龍麵 遠志燴什錦飯 升提補氣鍋 蔓越莓烘蛋 杞菊明目湯 解鬱逍遙薄荷凍 寄生熬地瓜 （本書之佐餐料理均可食用）	歸耆補血湯 川七煨素筋 柴胡燴腸旺 丹參安心湯 茯苓健脾湯 枳實寬胸湯 溫肺養金盅 杜仲養生餐 土豆當歸滷 松子春卷 遠志燴什錦飯 杞菊明目湯 巧口濃湯 烏髮湯 玉竹養顏湯 補血益氣凍 金桔荷包蛋 （本書之佐餐料理均可食用）	升提補氣鍋 川七煨素筋 歸耆補血湯 柴胡腸旺 參耆滷皮絲 時蔬 PIZZA 杜仲養生餐 山藥金鐘頂 土豆當歸滷 松子春卷 蘇子槐花茶 棗仁好眠湯 消脂粥 消脂飲 糖醋蔬果烏龍麵 解鬱逍遙薄荷凍 （本書之佐餐料理均可食用）

川七煨素筋

補氣血

● **材料** ●
(a) 川七 5 克
　　枸杞 3 粒
(b) 竹笙 6 條
　　冬粉 1 把
　　薑 3 片
(c) 薑 2 片

● **調味料** ●
　米酒 100cc
　水 500cc
　麻油少許

● **作法** ●

1 先將川七、枸杞、薑片加入米酒、水置入電鍋中，外鍋加 1 杯水燉煮，燉煮藥湯備用。

2 竹笙洗淨；冬粉泡軟，用鐵絲折成夾子，勾著冬粉穿入竹笙中，做成素蹄筋。

3 起鍋放入麻油炒香 2 片薑，放入素蹄筋、藥湯，以小火煨至藥湯被素蹄筋吸收為止。

醫師囑咐

川七和人參同為五加科植物，所以川七也有人參的香味。
血液循環不佳或產後腹痛之產婦，可用此方調理。

粉光參湯

補氣血

● **材料** ●
粉光參 5 克
紅棗 3 粒

● **調味料** ●
第二次的
洗米水 500cc

● **作法** ●
將粉光參、紅棗加入第二次的洗米水,放入電鍋,外鍋加 1 杯
水燉煮,服用藥湯。

醫師囑咐

粉光參又稱花旗參,主要產在美國、加拿大等地,為滋補清
熱藥,可用於身體虛弱,但吃補藥又覺得太燥熱的產婦。

13

● 材料 ●

(a) 當歸 3 克
　　黃耆 5 克
　　陳皮 3 克
　　升麻 5 克
　　柴胡 5 克
　　甘草 3 克
(b) 枸杞 3 克
　　大棗 3 枚

(c) 高麗菜 100 克
　　金針菇 50 克
　　玉米 80 克
　　腐竹 30 克
　　豆腐半塊
　　青花椰菜 50 克
　　新鮮香菇 1 朵

● 調味料 ●

鹽 1 小匙
米酒 100cc
水 600cc

升提補氣鍋

補氣血

● 作法 ●

1 先將 (a) 材料與酒、水一起放入電鍋，外鍋加 1 杯水燉成藥湯。

2 金針菇洗淨，高麗菜洗淨、剝片，玉米洗淨、切塊，花椰菜洗淨、切朵。

3 將藥湯瀝出，放入火鍋中做湯底，再把枸杞、大棗、(c) 材料等放入鍋中一起煮。

4 加入少許鹽調味，即可食用。

醫師嚀咐

本方以當歸、黃耆補氣血，以升麻、柴胡促進子宮收縮良好，適用於產後子宮墜脹感覺較明顯，並以陳皮理氣來消除腹部脹滿感。

● **材料** ●

(a) 當歸 3 克
　　川芎 3 克
　　白芍 3 克
　　熟地 6 克
　　黨參 3 克
　　茯苓 3 克
　　白朮 3 克
　　甘草 3 克
　　木香 3 克

(b) 蒟蒻果凍粉 10 克
　　奶油球 1 顆

● **調味料** ●

米酒 100cc
水 400cc

補血益氣凍

補氣血

● **作法** ●

1 先將 (a) 材料加水以及米酒，置入電鍋，外鍋加 1 杯水，燉成藥湯。

2 取藥湯，放入鍋中，加入蒟蒻果凍粉，直至溶解，趁熱倒入模型中，靜置冷卻。

3 將冷卻成形之果凍倒扣於盤中，淋上奶油球，即可食用。

主廚叮嚀

此方為補血益氣之功用，但其味濃苦澀，故於此做成果凍淋上奶油球以增加口感與美味；亦可用煎藥鍋以三碗水煎煮成八分，服用湯汁。

醫師囑咐

此方以四君子湯（黨參、茯苓、白朮、甘草）補氣；以四物湯（當歸、川芎、白芍、熟地）補血，兩者合稱八珍湯；加上木香溫中和胃，使補而不覺得滋膩，適用於身體較虛弱之產婦，使氣血雙補，服後體能逐漸恢復。

補氣血

● **材料** ●

(a) 當歸 3 克　　(b) 杏鮑菇 80 克
　　白芍 3 克　　　　牛蒡 70 克
　　川芎 3 克　　　　腰果 30 克
　　熟地 6 克
　　黃耆 6 克　　● **調味料** ●
　　枸杞 3 克　　　水 400cc
　　大棗 3 枚　　　米酒 100cc

醫師嚀咐

本方以四物湯補血為主，並以黃耆補氣來推動血液循環，配以枸杞滋養強壯，大棗的高營養價值及甜美可口作用，服食後全身血液循環可改善。

歸耆補血湯

補氣血

● **作法** ●

1　杏鮑菇洗淨、切滾刀塊；牛蒡洗淨、去皮、泡醋水。

2　將 (a) 材料、(b) 材料放入鍋中，再加入水、酒，直接放入電鍋，外鍋加 1 杯水，燉熟即可。

主廚叮嚀

現代人做月子真方便，以電鍋與煎藥鍋來幫忙，可節省很多時間。

(1)使用電鍋的步驟如下：電鍋分為內鍋與外鍋，使用電鍋時，內鍋是裝食物，外鍋內須要加水才能烹調食物，所以使用電鍋烹煮食物，將食物置入內鍋，放入有加水的外鍋中，蓋上鍋蓋，然後按下開關就行了。

(2)煎藥鍋使用方法：把藥材放入鍋裡一個有沙洞的小鍋中，再倒入三碗水，蓋上鍋蓋，按上煎藥開關，就自動煎成八分碗的藥湯，開關就會自動切斷電源，此時把裝藥材的沙洞鍋提起，就可倒出藥湯。

顧肝

此方具疏肝減壓功效，一般傳統作法是用三碗水煎成八分碗的藥湯來飲用，但因口感苦澀難以下嚥，所以將藥方改變烹調方式，把藥膳變成美味可口又開胃的佳餚。

本方以柴胡來疏肝解鬱，川芎來理氣止痛，枳實來消積除脹及赤芍袪瘀止痛，適用於產後照顧小孩，生活緊張煩亂，並導致腸胃不適之產婦。

● 材料 ●

(a) 柴胡 3 克
　　川芎 3 克
　　枳實 5 克
　　赤芍 3 克

(b) 麵腸 1 條
　　蒟蒻脆腸 3 段
　　黑木耳 1 片
　　胡蘿蔔 30 克
　　金針 10 克
　　碧玉筍 50 克
　　薑 2 片
　　太白粉 30 克

● 調味料 ●

花椒油 1 匙
香菇素蠔油 1 匙
米酒 100cc
水 600cc

柴胡燴腸旺

顧肝

● 作法 ●

1 胡蘿蔔洗淨、去皮、切片；碧玉筍洗淨、去殼、切片；黑木耳、蒟蒻脆腸洗淨。

2 先將 (a) 材料的中藥與米酒和水一起放入電鍋，外鍋加 1 杯水，燉煮製作藥湯備用。

3 麵腸切段過油。

4 鍋中放入花椒油、薑以中火炒香，再放入胡蘿蔔、麵腸、蒟蒻脆腸、黑木耳以及香菇素蠔油一起拌炒均勻後，放入燉好的藥湯，小火燒 5 分鐘。

5 最後放入碧玉筍拌勻，太白粉調水勾芡，即可起鍋。

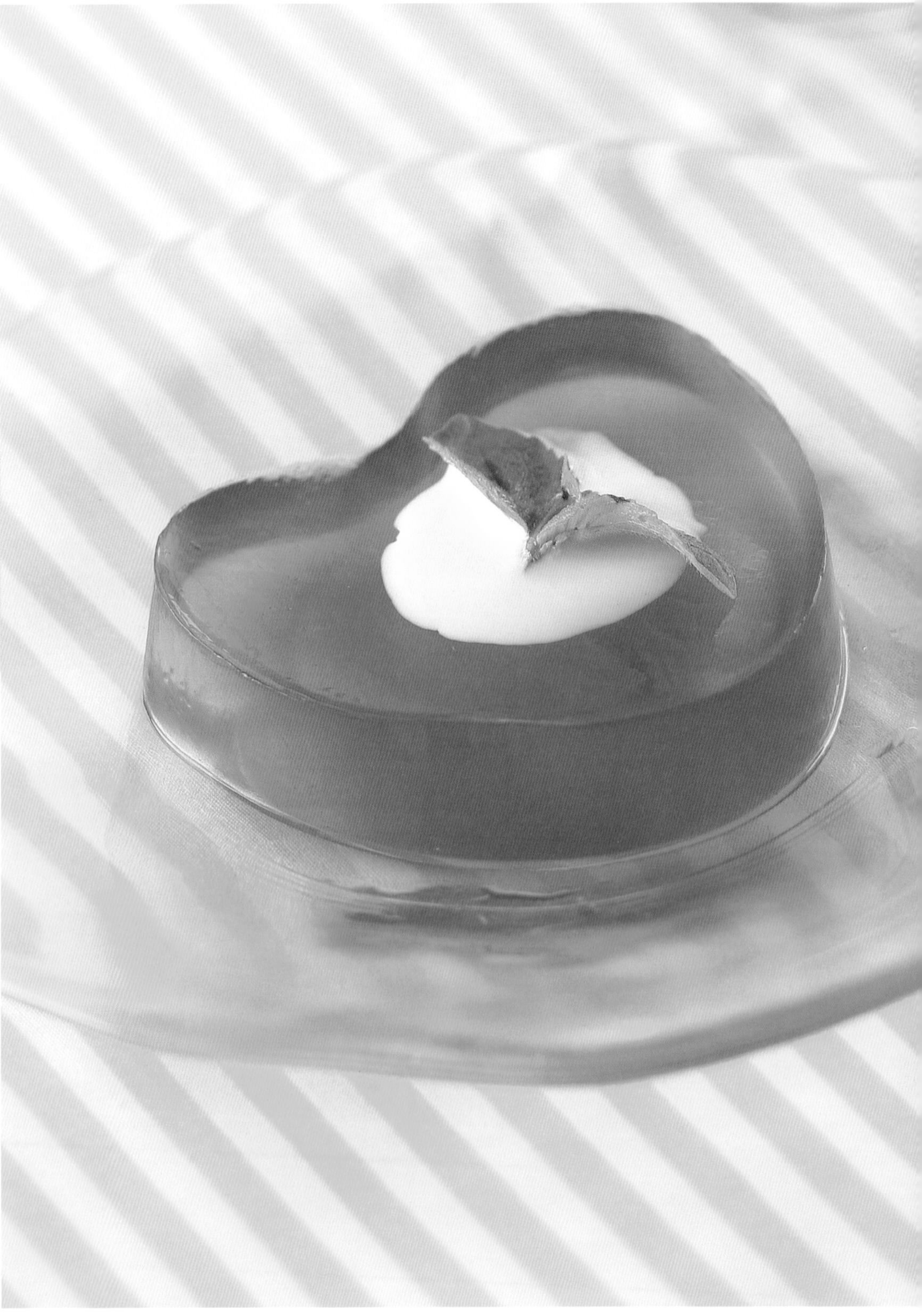

● 材料 ●
(a) 當歸 3 克
　　柴胡 3 克
　　香附 5 克
　　薄荷 2 克
(b) 蒟蒻果凍粉 10 克
　　奶油球 1 顆

● 調味料 ●
米酒 100 克
水 400 克

解鬱逍遙薄荷凍

顧肝

● 作法 ●

1 先將 (a) 材料加水以及米酒，置入電鍋，外鍋加 1 杯水，燉成藥湯。

2 取藥湯，放入鍋中煮開。

3 倒入蒟蒻果凍粉，直至溶解，趁熱倒入模型中，靜置冷卻。

4 將冷卻成型的果凍倒扣於盤中，淋上奶油球後即可食用。

主廚叮嚀

此藥方味濃苦澀，故於此做成果凍淋上奶油球以及具有獨特口味，以增加口感與美味；亦可用煎藥鍋以三碗水煎煮成八分，其中薄荷不宜久燉，服用湯汁。

醫師囑咐

本方以當歸養血柔肝，柴胡疏肝解鬱，香附理氣解鬱，薄荷宣散清利，適用於產後生活程序尚未調整過來，容易心煩鬱悶之產婦。

川芎通心湯

● 材料 ●

(a) 川芎 3 克
　 當歸 3 克
　 赤芍 3 克
(b) 香菇 3 朵
　 荸薺 3 個
　 腰果 30 克

● 調味料 ●

　 米酒 100cc
　 水 400cc

● 作法 ●

1　香菇、荸薺洗淨。

2　將 (a) 材料、(b) 材料與米酒、水一起放入電鍋中，外鍋加 1
　 杯水燉煮即可，熟後即可食用。

醫師囑咐

本方以川芎之活血行氣配合當歸之補血調經止痛及赤芍之
祛瘀止痛作用，用於產婦血液循環不好，容易心悸、胸悶者。

丹參安心湯

補心

● **材料** ●

(a) 丹參 3 克
　　川芎 3 克
　　降真香 3 克
　　紅棗 3 個

(b) 烤麩 2 塊
　　栗子 3 粒
　　腰果 30 克
　　杏鮑菇 50 克

● **調味料** ●

米酒 100 克
水 400 克

● **作法** ●

將烤麩切塊後，炸成金黃色；杏鮑菇洗淨、切塊；腰果、栗子洗淨；與丹參、川芎、降真香、紅棗及米酒、水一起放入電鍋中，外鍋加 1 杯水燉煮，開關跳起來，便可食用。

主廚叮嚀

此方口味佳，食材直接加入一起燉煮即可。

醫師囑咐

丹參活血調經、除煩安神，配合川芎活血化瘀及降真香之鎮痛作用，適用於平時容易心悸，胸悶痛之產婦。

● 材料 ●

(a) 黨參 3 克
　　麥門冬 6 克
　　五味子 3 克
(b) 猴頭菇 80 克
　　（調理包裝）
　　牛蒡 50 克
　　素火腿 50 克

● 調味料 ●

米酒 100cc
水 400cc

生脈養心湯

補
心

● 作法 ●

1 牛蒡去皮、切片、泡醋水，素火腿切塊、過油備用。

2 將黨參、麥門冬、五味子與牛蒡、素火腿、米酒、水全部放入電鍋中，
外鍋加 1 杯水，燉熟即可食用。

主廚叮嚀

猴頭菇營養又好吃，若使用
新鮮猴頭菇要先汆燙，水分
撐乾，過油後再料理口味較
好；使用調理包較為方便。

醫師囑咐

黨參的補脾益氣，麥門冬的滋陰潤肺、清
心除煩，五味子的寧心安神，本方補氣效
果佳，用於常感覺肺氣不足，喜歡深呼吸
或容易打呵欠，易疲倦之產婦。

● 材料 ●

(a) 杜仲末 1 錢

(b) 山藥 100 克
　　調理漿 50 克
　　甘蔗 30 克
　　香菇 1 朵
　　荸薺 2 粒

● 調味料 ●

鹽 1 小匙

山藥金鐘頂

健脾

● 作法 ●

1　香菇、荸薺切碎加入調理漿中攪拌均勻；甘蔗切（1×4公分）長條，將調好的調理漿包裹著甘蔗條，做成雞腿棒狀，入鍋炸至金黃色備用。

2　山藥去皮，切成 1 公分厚片蒸熟備用，另外多餘的部分打汁，加入杜仲末做成醬汁。

3　先將蒸好的山藥片放入盤中，再把炸好調理漿做成的雞腿棒疊放在山藥上，將醬汁在周圍，擺上切成菱形的青、紅椒做盤飾。食用時沾上醬汁。

主廚叮嚀

山藥先切成小丁再打汁，不要加水，否則醬汁會太稀，口感不佳。

健
脾

● 材料 ●

(a) 麥門冬 5 克
　　天冬 5 克
　　石斛 2 克
(b) 豆腸 80 克
　　玉米筍 2 根
　　胡蘿蔔 30 克
　　荷蘭豆 6 根
　　薑 2 片

● 調味料 ●

米酒 100cc
水 400cc
香菇素蠔油 1 小匙

冬麥燒豆腸

健
脾

● 作法 ●

1 (a) 材料與米酒、水放入電鍋，外鍋加 1 杯水燉煮藥湯。

2 豆腸切段、過油；胡蘿蔔洗淨後切片；荷蘭豆洗淨、去老梗備用。

3 鍋中放少許油以中火炒香薑，再放豆腸、玉米筍、胡蘿蔔、香菇素蠔油炒香。

4 再倒入燉好的藥湯，小火慢燒至入味，最後放荷蘭豆炒熟即可。

醫師嚀咐

麥門冬益胃生津，天門冬降火潤燥，石斛清熱生津，此三味藥均有清胃熱作用，適用於胃火大，容易口臭、口渴、便祕之產婦。

● 材料 ●
(a) 茯苓 6 克
　 山藥 6 克
　 蓮子 6 克
　 芡實 3 克
(b) 胡椒粒 10 克（以小
　 布袋包起來）
　 素玫瑰螺肉 100 克

● 調味料 ●
米酒 100cc
水 400cc

茯苓健脾湯

健
脾

● 作法 ●
　 茯苓、山藥、蓮子、芡實、包胡椒粒布袋、素玫瑰螺肉與米酒、水一
　 起放入電鍋，外鍋加 1 杯水燉煮即可。

醫師囑咐

　 茯苓有利水健脾的作用，配合山藥的益氣補脾，蓮子、芡實的補脾
　 止瀉作用，可用於腸胃消化不好，容易腹瀉之產婦。

(a) 黨參 3 克
　　黃耆 6 克
　　陳皮 3 克
　　茯苓 3 克
　　甘草 3 克

(b) 皮絲 70 克
　　栗子 5 粒
　　青花椰菜 3 朵
　　薑 2 片

● 調味料 ●
米酒 100cc
水 400cc
香菇素蠔油 1 大匙

參耆滷皮絲

健
脾

● 作法 ●

1 黨參、黃耆、陳皮、茯苓、甘草與米酒、水一起放入電鍋，外鍋加 1 杯水燉煮製作藥湯備用。

2 栗子、皮絲泡軟切塊（皮絲泡水約一個晚上），切塊，再與藥湯、薑、香菇素蠔油放入鍋中，以小火慢滷入味約一個鐘頭，就可盛起入盤。

3 洗淨青花椰菜，放入滾水燙熟，排在滷好皮絲的盤邊即可。

醫師嚀咐

本方以補氣健脾為主，黨參、黃耆、茯苓、甘草補氣益脾和胃，配合陳皮理氣作用，適用於腸胃機能不好、食慾不振、容易疲倦、精神不佳的產婦。

● 材料 ●

(a) 百合 5 克
　　麥門冬 6 克
　　枇杷葉 3 克
(b) 香菇丸子 3 個
　　芹菜 1 棵
　　胡蘿蔔花片 5 片

● 調味料 ●

米酒 100cc
水 400cc
香油少許
鹽少許

百合潤肺湯

潤肺

● 作法 ●

1 百合洗淨，芹菜洗淨、切末。

2 枇杷葉先用小布袋包起，然後與百合、麥門冬、香菇丸子、米酒、水放入電鍋中，外鍋加 1 杯水燉煮。

3 最後放入胡蘿蔔花片、芹菜珠、香油少許、鹽少許，即可食用。

主廚叮嚀

百合潤肺止咳、麥門冬鎮咳祛痰、枇杷葉止咳平喘，本方利用其滋潤、降氣止咳的作用，用於容易乾咳無痰之產婦或痰帶有血絲者。

材料

金桔 2 顆
雞蛋 1 個
薑 2 片
毛豆仁少許

調味料

麻油 1 大匙
糖 1 小匙
米酒 1 杯

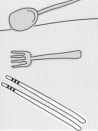

金桔荷包蛋

潤
肺

作法

1 起鍋，小火燒乾鍋面，放入麻油，將麻油塗滿鍋面，再放入薑片以中火炒香。

2 打開雞蛋，去蛋殼，將蛋黃放入鍋中小火慢慢煎至金黃色，再翻面煎至金黃色，盛起放盤中備用。

3 繼續使用煎蛋鍋子的餘油煎金桔，以小火慢煎軟，再放入煎好的蛋、洗淨毛豆仁。

4 放酒入鍋，以小火慢慢燒入味。

主廚叮嚀

若剖腹生產者，在生產第一週不適合用酒，可不加酒，加入適量的水燒亦可。

醫師囑咐

金桔有理氣化痰的功效，對於咳嗽痰多或容易腹脹的產婦適用。

枳殼寬胸湯

潤肺

● **材料** ●
(a) 枳殼 3 克
　 天花粉 5 克
　 枇杷葉 3 克
(b) 菱角仁 5 個
　 栗子 3 粒
　 腰果 30 克

● **調味料** ●
　 米酒 100cc
　 水 400cc

● **作法** ●

　將 (a) 材料、(b) 材料、米酒、水一起放電鍋中，外鍋放 1 杯水燉煮即可食用。

醫師嚀咐

　枳殼化痰消積，天花粉清胃肺熱，枇杷葉清肺化痰，三者合用適於咳嗽痰多、容易胸悶之產婦。

玉竹養顏湯

潤肺

● 材料 ●

(a) 玉竹 6 克
　　百合 6 克
　　沙參 6 克

(b) 乾銀耳 2 克
　　桂圓肉 3 克
　　乾蓮子 3 克

● 調味料 ●

蜂蜜 少許
水 400cc
冰糖少許

● 作法 ●

1　百合、銀耳、蓮子洗淨，蓮子 泡水至軟。

2　將 (a) 材料、(b) 材料、冰糖、水一起放入電鍋中，外鍋放 1 杯水燉煮至熟即可。

3　起鍋前加入蜂蜜。

醫師嘮咐

百合潤肺止咳，玉竹滋陰潤肺，沙參鎮咳袪痰、潤肺益胃，用於容易乾咳或皮膚乾燥或便祕之產婦。

● **材料** ●

(a) 黃耆 3 克
　　當歸 3 克
　　白果 6 克
　　貝母 5 克
　　桂枝 2 克
　　枸杞 2 克
　　胡桃 20 克
(b) 麵肚 1 個

● **調味料** ●

米酒 100cc
水 400cc

溫肺養金盅

潤
肺

● **作法** ●

1　先將 (a) 材料泡入調味料，浸泡一小時備用。

2　麵肚先過油，再把浸泡好的 (a) 材料和調味料塞入麵肚中，麵肚口用牙籤縫密（若無法縫密，只要多插幾支牙籤即可）。

3　放入電鍋中，將沒裝完的米酒和水一起放入電鍋內鍋中，外鍋放 1 杯水燉熟。

4　食用時取出牙籤，切開麵肚把 (a) 材料取出，只食用燉入味的麵肚及湯汁。

醫師囑咐

以黃耆之補氣升陽，當歸之補血和血，白果化痰定喘，貝母清化熱痰、止咳化痰，桂枝溫通經脈，適用於呼吸功能較薄弱，一遇天氣變冷，即咳嗽加劇或打噴嚏、流鼻水等過敏體質之產婦。

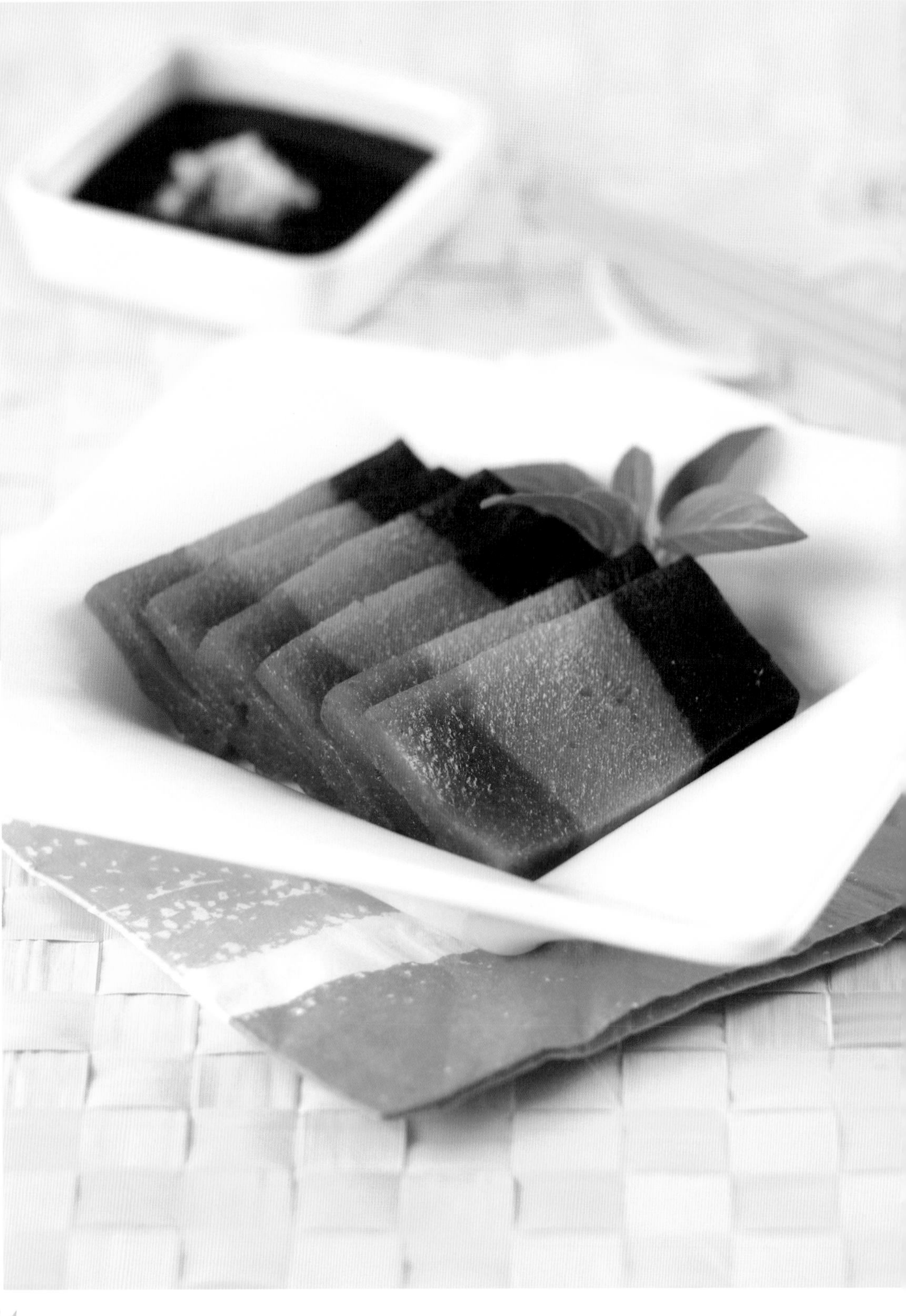

強腎

● **材料** ●

(a) 杜仲末 1 錢
(b) 蒟蒻粉 100 克
　　 鹼粉 10 克
　　 青江菜 5 棵
　　 胡蘿蔔 1 條

● **調味料** ●

薑汁 1 小匙
素蠔油 1 大匙

杜仲養生餐

強腎

● **作法** ●

1 先將蒟蒻粉、鹼粉各分成三等份備用；青江菜洗淨取葉子加三碗水打成汁；胡蘿蔔去皮，洗淨加三碗水打成汁備用。

2 取蒟蒻粉、鹼粉各 1/3 與杜仲末調均勻後加入三碗水拌勻，放置一旁待冷卻成形；然後再取胡蘿蔔汁與蒟蒻粉、鹼粉各 1/3 一起拌勻，倒入冷卻成形的杜仲蒟蒻上；再取青江菜汁與蒟蒻粉、鹼粉各 1/3 一起拌勻，倒入冷卻成形胡蘿蔔蒟蒻上等待成形後，放入水中煮熟。

3 煮熟蒟蒻塊要放入冷水中浸泡，待涼，先切成數等份，換水繼續泡，平均一天換三次水，放入冰箱約可保存一星期，食用時取一塊切片，以開水煮熟，沾薑汁拌素蠔油醬汁吃。

醫師囑咐

杜仲有補肝腎、壯筋骨、強腰膝的功效，產後彎腰抱小孩容易腰痠背痛者適用。

● 材料 ●

(a) 骨碎補 3 克
　　當歸 3 克
　　續斷 6 克
　　黃耆 3 克
(b) 豆腐 1 塊
　　九層塔少許

● 調味料 ●

麻油 1 小匙
味噌 10 克
米酒 100cc
水 400cc

味噌豆腐燒續斷

強腎

● 作法 ●

1　豆腐、九層塔洗淨。

2　先將 (a) 材料、米酒、水放入電鍋，外鍋加 1 杯水燉煮，燉煮成藥湯備用。

3　豆腐切塊，放入油鍋中炸至金黃色，撈起備用。

4　起鍋放入麻油，放入味噌炒香，再放入炸好的豆腐，倒進藥湯，小火慢慢燒至入味，最後撒入九層塔。

醫師囑咐

續斷行血脈、續筋骨，骨碎補補腎強骨，配合當歸補血，黃耆補氣的作用，使氣血循環良好，筋骨得以滋養；適用於身體虛弱，常常腰痠背痛、筋骨痠痛之產婦。

材料

(a) 杜仲 5 克
   陳皮 3 克
   小茴香 2 克
(b) 臭豆腐 3 塊
   薑 2 片
   毛豆仁少許

調味料

麻油 1 小匙
素蠔油 1 小匙
米酒 100cc
水 400cc

臭豆腐燒杜仲

強腎

作法

1 先將 (a) 材料、米酒、水放入電鍋，外鍋加入 1 杯水燉煮，燉煮藥湯備用。

2 起鍋，鍋子待乾放入麻油、薑片、素蠔油以中火炒香，倒進藥湯入鍋，再放入臭豆腐、毛豆仁以小火慢慢燒，燒至入味。(若是用燒的不方便，也可以使用電鍋燉煮)。

醫師囑咐

杜仲具補肝腎、強筋骨的作用，配合小茴香的散寒止痛和陳皮的理氣和胃作用，可用於身體較虛寒，容易筋骨痠痛、腰痠背痛，偶爾有腸胃脹滿之產婦。

49

● 材料 ●

(a) 桑寄生 6 克
　　杜仲 3 克
　　山藥 3 克
　　熟地 3 克
(b) 地瓜 1 條 (約 300 克)
　　薑 3 片
　　桂圓肉 30 克

● 調味料 ●

黑糖 50 克
米酒 100cc
水 1000cc

寄生熬地瓜湯

強腎

● 作法 ●

　　地瓜洗淨、去皮、切塊;與 (a) 材料、桂圓肉、地瓜、薑、黑糖、米酒、水一起放入電鍋中,外鍋放 1 杯水煮熟即可食用。

醫師囑咐

　　桑寄生補肝腎、強筋骨,更加上杜仲、山藥、熟地三味藥補腎強腰膝的作用,適用於腰痠背痛,小便顏色淡、次數又多的虛寒性產婦。

通乳

材料

花生仁 150 克
當歸 2 片
當歸滷（或皮絲）2 大塊
薑 2 片
香菜 3 棵

調味料

鹽 1 小匙
糖 1 小匙
米酒 1 杯
麻油 1 大匙
醬油 1 大匙

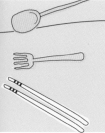

土豆當歸滷

通乳

● 作法 ●

1 花生仁洗淨、泡軟，放入電鍋，外鍋加半杯水煮熟備用；當歸滷（或皮絲泡軟）切成三公分塊狀備用。

2 起鍋燒乾鍋面，放入麻油、薑片，以小火炒香薑片後，撈掉薑片，放入糖、醬油炒香，再加入花生仁、當歸滷拌炒幾下，放 1000cc 水入鍋，開大火燒開水後放入當歸片、米酒，轉小火慢慢滷約三小時，挾一顆用筷子壓壓看，是否熟透，若不夠鬆軟就得繼續滷，若熟透了，就可以調味了。

3 香菜洗淨、切末，放入花生仁中拌勻，關火，香噴噴的土豆當歸滷就大功告成了。

主廚叮嚀

花生不易熟透，所以先以電鍋煮熟，再與藥汁和滷。

醫師囑咐

此道菜具有促進乳汁分泌，針對哺乳的產婦有幫助。

● 材料 ●

(a) 當歸 3 克
    川芎 3 克
    熟地 6 克
    白芍 3 克
    通草 2 克
(b) 麵線 1 把
    薑片 3 片
    枸杞 2 克
    地瓜葉 50 克

● 調味料 ●

米酒 100cc
水 400cc
冰糖少許

書香麵線

通乳

● 作法 ●

1 先將 (a) 材料的中藥與米酒和水一起放入電鍋，外鍋放 1 杯水燉煮製作
   藥湯備用。

2 麵線與洗淨地瓜葉燙熟；枸杞泡水。

3 起鍋，置入少許麻油，薑片爆香，放入麵線稍微煎一下，再放入藥湯，
   以大火煮滾，再置入地瓜葉、枸杞，即可起鍋。

醫師囑咐

本方以四物湯配合通草之通氣下乳作用，使乳房血循良好，乳汁
充沛。

湧乳湯

通乳

● 材料 ●
(a) 當歸 3 克
　　黃耆 6 克
　　通草 2 克
　　白芷 3 克
　　枸杞 3 克
(b) 素羊肉 80 克
　　花生仁 50 克

● 調味料 ●
　　米酒 100cc
　　水 400cc

● 作法 ●
　　花生仁先用水浸泡三小時後，再和 (a) 材料、素羊肉等所有
材料加入米酒、水置入電鍋中，外鍋放 1 杯水燉煮，燉熟後
的素羊肉、花生仁及藥湯都可以食用。

醫師叮嚀

　　本方以當歸調血，黃耆補氣，加上通草之通氣下乳和白芷通
竅止痛、消腫排膿，本方可以通乳，也可預防產婦乳汁不出
之腫脹疼痛。

歸耆木瓜盅

通乳

● 材料 ●

(a) 當歸 3 克
　　黃耆 6 克
　　麥門冬 6 克
　　通草 2 克
　　桔梗 3 克
(b) 青木瓜 1 顆
　　（約 300 克）
　　腰果 30 克
　　紅棗 3 個
　　栗子 3 粒
　　松子 20 克

● 調味料 ●

米酒 10cc
水 400cc

● 作法 ●

1　青木瓜洗淨，去蒂頭做蓋子，去籽。

2　將(a)材料、腰果、紅棗、栗子、松子以米酒及水浸泡 1 小時後，全部置入青木瓜中，蓋上蒂頭做的蓋子，放入電鍋中，外鍋放 1 杯水燉煮，燉好之青木瓜挖出果肉及腰果、紅棗、栗子、松子，連湯汁一起食用。

醫師嚀咐

本方以當歸補血，黃耆補氣為底，加上麥門冬滋潤，通草通乳汁和桔梗將藥效引到胸乳部位，促使乳汁湧盛。

● 材料 ●

(a) 松子 5 克
　　胡桃 5 克
　　柏子仁 3 克
(b) 豆芽菜 50 克
　　苜蓿芽 30 克
　　胡蘿蔔 30 克
　　香菜 20 克
　　海苔素肉鬆 30 克
　　潤餅皮 2 張

● 調味料 ●
沙拉醬 30 克
番茄醬 30 克

松子春卷

通便

● 作法 ●

1 將松子、胡桃、柏子仁以中火炒乾，壓碎備用。

2 豆芽菜、苜蓿芽洗淨、瀝乾水分；胡蘿蔔洗淨去皮，放入滾水燙熟，取出瀝乾水分。

3 取潤餅皮攤開，放上已燙熟之豆芽菜、苜蓿芽、胡蘿蔔及香菜，淋上沙拉醬、番茄醬，將海苔素肉鬆、壓碎之松子、胡桃、柏子仁撒上，把潤餅皮包成長方形，即可食用。

主廚叮嚀

松子、胡桃、柏子仁亦可用烤箱將之烤熟後，壓碎。

醫師囑咐

三種藥材均含有多量的脂肪油，脂肪油有良好的潤下通便作用，加上柏子仁有寧心安神作用，適用於容易便祕、睡眠不佳之產婦。

芝麻粥

通便

● **材料** ●
芝麻 5 克
胡桃 5 克
十穀米 100 克

● **調味料** ●
冰糖適量
（依個人喜好）

● **作法** ●

1 將十穀米洗淨，浸泡 1 小時。

2 芝麻、胡桃放入鍋中乾炒後，將胡桃壓碎備用。

3 浸泡後之十穀米煮成粥，加入冰糖，食用時撒上炒熟的芝麻與壓碎的胡桃，即可食用。

醫師嚀咐

芝麻補益精血，潤燥滑腸；胡桃有補腎益精作用。芝麻、胡桃含有多量脂肪油，對容易便祕之產婦除了潤腸通便之外，又有強壯補養之功效。

主廚叮嚀

十穀米在一般超市可以購買到。

蘇子槐花茶

通便

● 材料 ●
蘇子 3 克
槐花 3 克
蜂蜜適量
（依個人喜愛）

● 作法 ●

1 蘇子、槐花加入 500cc 水，放入電鍋中，外鍋放 1 杯水燉煮。

2 取藥湯，加入適量蜂蜜，即可飲用。

醫師囑咐

本方以蘇子消食滑腸，槐花清肝瀉火，蜂蜜滑腸通便，適用於容易便祕且有痔瘡之產婦。

● 材料 ●

(a) 肉蓯蓉 6 克
　　當歸 3 克
(b) 蘋果半顆
　　南瓜 50 克
　　番茄半顆
　　青椒 1/4 顆
　　蒟蒻 50 克
(c) 鮮烏龍麵 240 克

● 調味料 ●

水 400cc
番茄醬 50 克
糖 1 匙
橄欖油 1 匙

糖醋蔬果烏龍麵

通便

● 作法 ●

1 將肉蓯蓉、當歸、水放入電鍋，外鍋放 1 杯水燉煮成藥湯備用。

2 將鮮烏龍麵放入滾水燙熟，放入盤中；蘋果、南瓜洗淨、去皮；番茄、青椒、蒟蒻洗淨。

3 起鍋，放入少許橄欖油，將 (b) 材料切塊，放入鍋中拌炒，再放入番茄醬、糖、藥湯，以小火慢熬成濃稠湯汁。

4 將上述湯汁淋在烏龍麵上，即可食用。

主廚叮嚀

不喜歡糖醋口味者，可將藥湯直接與 (b) 材料燉煮成烏龍湯麵。

醫師囑咐

本方以肉蓯蓉滋養強壯、滋潤滑腸，配合當歸的養血、潤腸通便，適用於身體虛弱，容易便祕之產婦。

● 材料 ●

(a) 酸棗仁 3 克
　　茯苓 5 克
　　川芎 3 克
　　甘草 3 克
　　枸杞 3 克
(b) 竹笙 10 克
　　腰果 30 克
　　甘蔗筍 50 克
　　素雞 50 克

● 調味料 ●

米酒 100cc
水 400cc

棗仁好眠湯

好

眠

● 作法 ●

1　先將酸棗仁、茯苓、川芎、甘草加米酒、水置入電鍋中，外鍋放 1 杯
　　水燉煮成藥湯備用；枸杞泡水至軟；甘蔗筍洗淨、切段。

2　將燉過的酸棗仁、茯苓、川芎、甘草、藥渣取出，留下藥湯與枸杞、
　　竹笙、腰果、甘蔗筍、素雞一起在放回電鍋中，外鍋加 1 杯水燉煮一
　　次即可食用。

醫師嚀咐

酸棗仁安神養心，茯苓也有寧心安神作用，配合川芎辛散行氣，用於
產後身體虛弱，又不容易入睡之產婦。

好

眠

● 材料 ●

(a) 遠志 3 克
    竹茹 2 克
    百合 2 克

(b) 火腿 20 克
    白果 10 克
    胡蘿蔔片 10 克
    草菇 10 克
    新鮮百合 10 克
    青椒 1/4 個
    白飯 1 碗

● 調味料 ●

米酒 100cc
水 400cc
太白粉 20 克
橄欖油 1 小匙

遠志燴什錦飯

好眠

● 作法 ●

1 百合、白果洗淨；青椒洗淨、切片。

2 先將 (a) 材料加入米酒、水放入電鍋中，外鍋加 1 杯水燉煮，燉煮藥湯備用。

3 起鍋放入橄欖油，以中火炒熟除白飯之外的 (b) 材料，放入藥湯待滾，加入少許鹽調味，以太白粉加水芶芡汁，淋在白飯上。

醫師囑咐

本方以遠志安神益智，配合百合清心安神及竹茹除煩止嘔，適用於較容易心煩而導致失眠之產婦。

杞菊明目湯

明目

● 材料 ●
枸杞 3 克
菊花 2 克
夏枯草 2 克

● 作法 ●
將枸杞、菊花、夏枯草加入 500cc 水放入電鍋中，外鍋加 1 杯水燉煮，燉煮成藥湯飲用。

醫師嘎咐

大家對枸杞、菊花的明目作用較熟悉，再加上夏枯草的清肝火明目作用，對於產後眼睛的保養及視力的維護，效果更好。

烏髮湯

烏
髮

● **材料** ●

(a) 何首烏 6 克
　　當歸 3 克
　　枸杞 3 克
　　菟絲子 3 克
　　芝麻 6 克

(b) 黑豆 20 克
　　素羊肉 50 克

● **調味料** ●

　　米酒 100cc
　　水 400cc

● **作法** ●

1　枸杞以水泡軟。

2　將 (a) 材料、黑豆、素羊肉加入米酒、水一起放入電鍋中，外
　　鍋放 1 杯水燉煮，燉煮熟了便可享用。

醫師囑咐

何首烏、菟絲子、芝麻均有烏髮作用，配上當歸、枸杞之
滋養，可用於預防產後的掉髮。

● 材料 ●

(a) 骨碎補 5 克
　　牛膝 3 克
　　補骨脂 3 克
　　胡桃 5 克
(b) 素火腿 20 克
　　玉米醬 30 克
　　玉米粒 30 克
　　馬鈴薯半個
　　香菜 2 克

● 調味料 ●

米酒 100cc
水 400cc

巧口濃湯

固齒

● 作法 ●

1 將骨碎補、牛膝、補骨脂加入米酒與水，置入電鍋中，外鍋加 1 杯水燉成藥湯備用。

2 胡桃放入乾鍋炒熟，壓碎；馬鈴薯去皮，放入電鍋蒸熟做成泥備用。

3 另起鍋將藥湯倒入鍋中，再把素火腿、玉米醬、玉米粒、馬鈴薯泥放入鍋中，以小火慢煮並攪拌，煮至湯汁濃稠，再撒下香菜及可享用美食了。

醫師嚀咐

中醫認為腎主骨，所以要鞏固牙齒須由補腎著手；骨碎補滋腎強骨、牛膝活血化瘀、補骨脂滋補強壯，加上胡桃也有補腎的作用，本方即以補腎的方式預防產後牙齒的損壞。

消脂粥

消
脂

● **材料** ●

(a) 荷葉 3 克
　　決明子 3 克
　　澤瀉 3 克
　　燕麥 6 克
(b) 糙米 100 克
　　胡蘿蔔丁 30 克
　　玉米丁 30 克
　　素火腿丁 30 克
　　蛋花 1 個
　　芹菜珠少許

● **調味料** ●

米酒 100cc
水 1000cc
胡椒粉 1 小匙
鹽 1 小匙

● **作法** ●

1 糙米先用水浸泡三小時備用。

2 先將荷葉、決明子、澤瀉加入米酒、水置入電鍋燉煮，燉煮成藥湯備用。

3 取藥湯來煮粥，把浸泡好的糙米、燕麥加入藥湯中，小火慢慢熬成粥再放胡蘿蔔丁、玉米丁、素火腿丁煮熟，放胡椒粉、鹽調味。

4 淋上蛋花，撒下芹菜珠，就可以享用香噴噴的消脂粥。

醫師嚀咐

荷葉、決明子、澤瀉、燕麥均能降低血中膽固醇，適用於預防坐月子後體態豐腴，膽固醇增高。

清脂飲

消脂

● **材料** ●
山楂 3 克
烏梅 1 枚
茶 3 克

● **調味料** ●
水 500cc
蜂蜜
（依個人喜好）

● **作法**
取一杯子，放入山楂、烏梅、茶以熱開水沖泡，蓋上杯蓋燜 5 分鐘後，才打開杯蓋服用，蜂蜜依個人喜好斟酌添加，加與不加，隨心喜好。

醫師嚀咐

山楂和茶均有消食化積的作用，烏梅生津止渴，可用於預防坐月子中吃下東西後覺得腸胃脹滿，本方也可預防膽固醇的增高。

山蘇炒枸杞

● **材料** ●
山蘇 150 克
薑絲 20 克
枸杞 6 克

● **調味料** ●
麻油 1 大匙
鹽半小匙
米酒 1 大匙

● **作法** ●

1　山蘇洗淨去老梗；枸杞泡水至軟備用。

2　起鍋開小火燒乾鍋底放入麻油、薑絲慢慢炒香，放下山蘇再開大火拌炒幾下後，再放枸杞、酒、鹽一起炒拌均勻，即可盛盤。

主廚叮嚀

炒此道菜不宜時間太久，否則菜會變黃且太老，影響口感。

五彩黑豆

佐餐

● **材料** ●
蜜汁黑豆 80 克
素火腿 80 克
蒟蒻丁 30 克
杏鮑菇丁 30 克
毛豆仁 20 克
白果 30 克
胡蘿蔔 20 克
薑 3 片

● **作法** ●

1　素火腿、洗淨胡蘿蔔切丁；毛豆仁、白果洗淨備用。

2　橄欖油入鍋，以小火炒香薑片，再把毛豆仁、白果、蒟蒻丁、杏鮑菇丁、蘿蔔丁先炒熟，再放素火腿炒香，加入鹽拌炒均勻，最後放入蜜汁黑豆拌勻，即可盛盤。

● **調味料** ●
鹽 1 小匙
橄欖油 1 大匙

主廚叮嚀

黑豆含優質蛋白質及維生素、胡蘿蔔素，能促進乳汁分泌，除風濕、強筋健骨，對產婦有益。

● 材料 ●
起士絲 50 克
白花椰菜 40 克
青花椰菜 40 克
鮮香菇 2 朵
紅椒 30 克
黃椒 30 克
南瓜 30 克
洋香菜末少許

● 調味料 ●
醬油 1 大匙
糖 1 小匙
胡椒粉半小匙

起士焗時蔬

佐餐

● 作法 ●

1 將白、綠花椰菜洗淨,切成小朵;鮮香菇洗淨;紅椒、黃椒、南瓜洗淨並去籽,再切絲;將以上材料放入鍋中汆燙,裝入烤盤中。

2 醬油、糖、胡椒粉一起拌勻,淋在蔬菜上,最後撒上起士絲。

3 放入已預熱 160℃的烤箱烤 15 分鐘,撒入洋菜末。

主廚叮嚀

烤箱要先預熱十分鐘,上下火要全開。

醫師囑咐

五種顏色蔬菜膳食對人體有益,其中花椰菜含有豐富鈣質及維生素。

● **材料** ●

高麗菜 2 大片
素火腿 2 片
香菇 2 朵
金菇 50 克
胡蘿蔔 1 小塊

● **調味料** ●

鹽 1 小匙
胡椒粉少許
太白粉少許
橄欖油少許

清蒸高麗菜卷

佐餐

● **作法** ●

1 高麗菜整片放入鍋中燙熟，材料全部洗淨，切絲備用。

2 起鍋將素火腿、香菇、金菇、胡蘿蔔炒熟，放入鹽、胡椒粉調味拌炒均勻，做成餡料。

3 取 1 大片高麗菜鋪平，放入餡料包捲起來，在封口處撒上少許太白粉，置入盤中，放入事先燒開水的蒸籠中，蒸 10 分鐘即可取出。

主廚叮嚀

高麗菜對胃腸消化吸收有益；高麗菜的軟脆度依個人喜好來增減蒸的時間長度，蒸的時間長就會比較軟，時間短就較脆。

● 材料 ●
洋菇 150 克
薑 3 片
蒟蒻片 30 克
紅棗 3 粒
菱角仁 5 個
九層塔少許

● 調味料 ●
麻油 1 大匙
鹽 1 小匙
米酒 2 大匙

麻油炒洋菇花

● 作法 ●

1　洋菇洗淨，在洋菇表面切數刀備用；紅棗去籽或在紅棗表劃兩刀備用。

2　起鍋，以小火燒乾鍋面，放入麻油、薑片以中火炒香，再放洋菇花、蒟蒻片、菱角仁炒香，加入米酒炒數下，再放入紅棗及適量的水，以小火慢慢燒約 5 分鐘，以鹽調味並拌勻，即可盛盤。

主廚叮嚀

若酒量不佳者可以少放酒或不加酒亦可，隨個人喜好而增減。麻油含豐富亞麻仁酸對於素食者非常有益。洋菇表面切數刀及紅棗劃兩刀是要讓其烹調時更容易入味。

● 材料 ●
黑木耳 30 克
金針花 30 克
甜椒 1/4 個
蒟蒻 30 克
玉米筍 2 支
荷蘭豆 6 根
薑 2 片
素火腿 2 片

● 調味料 ●
麻油 1 大匙
鹽 1 小匙

黑木耳炒金針花

佐餐

● 作法 ●

1 黑木耳、薑、素火腿切絲；荷蘭豆、金針花洗淨去老梗；甜椒、蒟蒻、玉米筍洗淨，切片備用。

2 起鍋，放入薑絲以小火炒香，再放入素火腿、黑木耳、蒟蒻、玉米筍、荷蘭豆、金針花，轉大火快炒。

3 加入鹽調味並拌勻，最後放入甜椒炒熟，即可盛盤。

醫師囑咐

木耳具有抗血凝和抗血栓形成作用，也是一味婦科良藥。

● 調味料 ●
鹽 1 小匙
糖 1 小匙
醬油 1 大匙
胡椒粉 1 小匙

蒸南瓜子

佐餐

● 作法 ●

1　南瓜子洗淨、泡軟；枸杞泡水至軟。

2　將南瓜子放入果菜機內，倒入水，按開關打汁。

3　倒出南瓜子汁，以濾網濾掉殘渣。

4　將過濾好的南瓜汁、鮮奶倒入鍋中，以小火慢慢煮；一邊煮一邊攪拌，避免鍋底沾鍋而燒焦，待煮沸時加入調味料拌勻，關火。

5　裝入容器，加上少許枸杞，放入蒸籠中，以大火蒸 20 分鐘（或微波爐中大火微波 5 分鐘）即可。

主廚叮嚀

南瓜子打汁後蒸熟，口感好像蒸蛋一樣，對非蛋奶素者來說是一道很好吃的料理。

● **材料** ●
蔓越莓 30 克
雞蛋 1 個

● **調味料** ●
橄欖油 1 小匙
糖 1 小匙
米酒 2 大匙

蔓越莓烘蛋

佐餐

● **作法** ●

1　蔓越莓泡入米酒中，泡軟備用。

2　雞蛋打破去殼放入碗中，以筷子將蛋液輕輕攪拌均勻；再將泡好的蔓越莓及糖放入一起拌勻。

3　起鍋，小火燒乾鍋面，放入橄欖油燒熱，倒入蔓越莓蛋液，以小火慢慢烘至金黃色，再翻面烘至金黃色，關火，盛起盤中，即可食用。

主廚叮嚀

蔓越莓烘蛋要小火慢慢烘，才不會燒焦。

佐餐

● 材料 ●

美白菇 50 克
柳松菇 50 克
豆包 1 塊
三色椒 50 克
（青椒、黃椒、紅椒）
胡蘿蔔 20 克
乾香菇 3 朵

● 調味料 ●

紅麴醬 1 大匙
糖 1 小匙
鹽 1 小匙
麵粉 1 大匙

雙菇映彩霞

佐餐

● 作法 ●

1 美白菇、柳松菇洗淨；三色椒、胡蘿蔔洗淨、去皮，乾香菇先泡軟擠去水分；均切條備用。

2 豆包整片與紅麴醬、糖拌勻醃半小時，包上胡蘿蔔條、香菇、三色椒，捲成桶狀，外表塗上麵糊，入鍋炸至金黃色，切成兩段備用。

3 將美白菇、柳松菇、三色椒炒熟，放鹽調味後，盛入盤中；再把炸好的紅麴豆包捲擺上。

主廚叮嚀

紅麴在客家人坐月子時是很重要的食物；豆包含有大豆卵磷子及優質蛋白質；菇類中含有豐富微量元素對人體有益。

● **材料** ●

吐司 1 片
起士絲 80 克
蘆筍 2 根
南瓜 50 克
番茄半顆
九層塔少許

● **調味料** ●

番茄醬 50 克

蔬果 PIZZA

佐餐

● **作法** ●

1　烤箱調至 160℃預熱 10 分鐘；蘆筍洗淨、切丁；南瓜、番茄洗淨，去皮、去蒂、切片備用。

2　先在吐司上撒上少許起士絲，擺上蘆筍、南瓜、番茄，淋上番茄醬，再撒上起士絲，放入烤箱中烤 15 分鐘，至表面呈金黃色即可。

主廚叮嚀

烤箱設定在 160℃預熱 10 分鐘，烤出來的食物顏色才會比較均勻。

自然食趣 10

創意素食月子餐

無中藥味，滋補營養的省錢美味料理！(暢銷版)

作　　　者／吳琇卿・邱寶鈅

發　行　人／詹慶和

總　編　輯／蔡麗玲

執　行　編　輯／陳昕儀

編　　　輯／蔡毓玲・劉蕙寧・黃璟安・陳姿伶

執　行　美　術／周盈汝・陳麗娜

內　頁　排　版／Akria

美　術　編　輯／韓欣恬

出　版　者／養沛文化館

郵政劃撥帳號／18225950

戶　　　名／雅書堂文化事業有限公司

地　　　址／新北市板橋區板新路 206 號 3 樓

電　　　話／（02）2249-7714

傳　　　真／（02）2249-8715

電　子　信　箱／elegant.books@msa.hinet.net

....

2019 年 11 月四版一刷　定價 250 元

經銷／易可數位行銷股份有限公司

地址／新北市新店區寶橋路 235 巷 6 弄 3 號 5 樓

電話／（02）8911-0825 傳真／（02）8911-0801

....

國家圖書館出版品預行編目 (CIP) 資料

創意素食月子餐：無中藥味，滋補營養的省錢
美味料理！/ 吳琇卿，邱寶鈅著 .
-- 四版 . -- 新北市：養沛文化館出版：雅書堂文
化發行，2019.11
　面；　公分 . -- (自然食趣；10)
ISBN 978-986-5665-78-4(平裝)

1. 素食食譜 2. 藥膳

427.31　　　　　　　　　　　　108016701

tonic